Katharina Zechlin
Grete Wemmel

wollreste

ISBN 3-7724-0271-2 · Best.-Nr. 611

Auflage: 16. | Letzte Zahlen
Jahr: 1987 | maßgebend

frech-verlag
GmbH + Co. Druck KG Stuttgart

Druck: Frech, Stuttgart

Ein Korb voll bunter Wollreste ist eine herrliche Sache. Was läßt sich damit nicht alles anfangen!

Dieses Buch möchte eigentlich zweierlei: anhand kleinerer Arbeiten will es den Anfänger zu verschiedenen Techniken anregen. Wenn die ersten Sachen gelingen und man in der Technik eingeübt ist, wächst die Lust, sich an größere Arbeiten zu wagen.
Weil fast alle gezeigten Arbeiten schnell fertig sind, und deshalb keine allzugroße Ausdauer erfordern, ist diese Anleitung besonders auch für Kinder und junge Mädchen gedacht, die mit Handarbeiten erst vertraut werden möchten, und die Spaß an einer sinnvollen Freizeitbeschäftigung haben.
Zum anderen will es dem Fortgeschrittenen Anregungen geben, was man so alles aus Wollresten machen kann, die es ja bei fast jeder Handarbeit gibt. Auch wenn man eine Idee für ein kleines Geschenk oder eine „Zwischendurch"-Handarbeit sucht, möchte es nützlich sein.

Fadenbilder

Unser erster Vorschlag ist eine sehr entspannende Beschäftigung. Kleben Sie doch mal mit bunten Fäden farbenfreudige, dekorative Bilder! Alle Garnarten und -stärken eignen sich dazu. Man braucht Alleskleber oder Holzleim und eine feste Unterlage aus Pappe, Sperrholz oder Preßspan. Am besten ziehen Sie zuerst eine dünne Leimlinie im gewünschten Format des Bildes und kleben einige Fäden als Rahmen auf. Dann immer nur eine kleine Fläche mit Kleber bestreichen und die Fäden andrücken. Ein Holzstäbchen zum Andrücken erleichtert die Arbeit. Störrische Fäden lassen sich angefeuchtet leichter legen.

Man geht am besten ganz spielerisch ans Werk, ohne festen Entwurf, und folgt den Fadenrundungen, wie sie sich fast von selbst ergeben. Bei kleinen Flächen kurze Fäden aneinanderlegen.

Als Gemeinschaftsarbeit hübsch: jeder beklebt eine gleich große Platte; alle wie ein Mosaik zusammengefügt kommen an die Wand.

Für Kinder ist das Kleben einer Figur aus Fäden einfacher als das Ausfüllen ganzer Flächen. Die Schnecken, teilweise aus zusammengekordelten Fäden, sind eine Kinderarbeit. Die Figuren sind auf ein Brettchen geklebt.

Kaschieren

Das Kaschieren von Fadenlegearbeiten ist eine weithin unbekannte Technik, aber recht reizvoll. Der Effekt beruht auf der Schattenwirkung des Fadens.
Man braucht einen Rest fester Pappe, Sperrholz oder Dämmplatte und dicke, nicht zu locker gedrehte Fäden. Baumwollreste, aber auch Bindfaden eignen sich gut. Die Fadenlegearbeit wird mit Alleskleber auf die Pappe geklebt. Überschneidungen müssen angestückt werden. Grundfläche und Fadenfigur bestreichen Sie gut mit verdünntem Holzleim oder Kleister. Dünner Stoff, z. B. Reste eines alten Bettuches, wird daraufgelegt und besonders in den Fugen gut angedrückt. Dann legt man ein Frotteehandtuch darüber und beschwert das Ganze eine Stunde lang. Die überstehenden Stoffenden werden umgeschlagen und auf der Rückseite festgeklebt. Bei dünnen Unterlagen, wie z. B. Pappe, muß auch die Rückseite bezogen werden, weil sie sich sonst wölbt. Statt mit Stoff, kann man auch Fadenbilder mit weichem Papier überziehen.
Neben großflächigen Wanddekorationen lassen sich auch Lampenschirme oder Mappen in dieser Technik dekorieren.

Fadenspannen

Fadenspannarbeiten machen Spaß und lassen sich schon mit Kindern basteln. Sie brauchen dazu Styropor- oder Dämmplattenreste (Holzhandlung), Stecknadeln und nicht zu dicke Fadenreste. Zwischen den Stecknadeln werden die Fäden streng in geometrischen Mustern oder frei nach Lust und Laune gespannt. Faden dabei immer einmal um die Stecknadel wickeln. Natürlich ist das Bild jederzeit veränderbar durch Umstecken der Nadeln und Umspannen. Auf unserem Beispiel wurde die Dämmplatte mit Wandfarbe gestrichen, zusätzlich noch bemalt, dann gesteckt und bespannt.

Fadenlegen

Diese Fadenbilder werden so gemacht: Fäden anfeuchten und auf einem Papier zum Bild legen. Ein Stück feste Pappe oder Sperrholz mit schwarzer Farbe grundieren und nach dem Trocknen ganz mit Kleister oder verdünntem Holzleim bestreichen. Mit der eingestrichenen Seite auf das Fadenbild legen, andrücken und abheben. Es haftet auf der Pappe. Kleister oder Holzleim trocknen farblos.

Beim Legen des Fadens muß man bedenken, daß das Bild nach dem Abklatschen seitenverkehrt erscheint.

Zwangloses Spiel mit den Fäden ergibt die besten Bilder! Der angefeuchtete Faden fällt von allein zu interessanten Schlingen und Windungen.

Diese Technik läßt sich natürlich durch verschiedenartige Fäden — grobe, feine, glatte, flauschige —, mehrere Farben und andere Untergründe, vielfältig abwandeln.

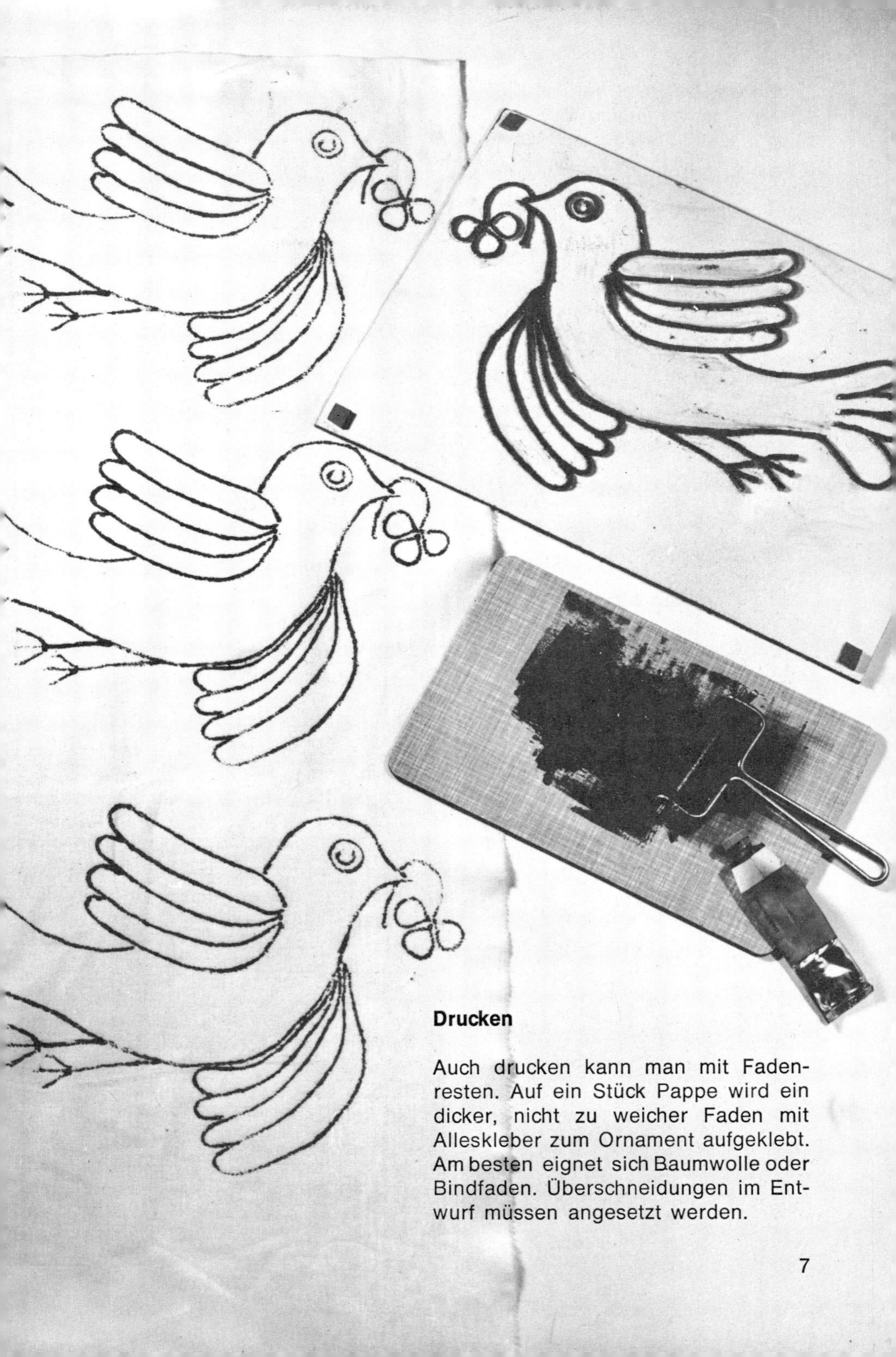

Drucken

Auch drucken kann man mit Fadenresten. Auf ein Stück Pappe wird ein dicker, nicht zu weicher Faden mit Alleskleber zum Ornament aufgeklebt. Am besten eignet sich Baumwolle oder Bindfaden. Überschneidungen im Entwurf müssen angesetzt werden.

Stoffdruckfarbe aus der Tube (Bastelladen) wird mit einer Walze auf einem glatten Brettchen verteilt. Dann rollt man damit Farbe auf das Fadenornament. Die eingefärbte Seite legen Sie auf den gewaschenen, appreturfreien Stoff, drücken kräftig an und heben ab. Vor jeder Wiederholung wird neu eingefärbt. Ein Fadenornament läßt sich auf diese Weise viele Male abdrucken. Auf die Ecken der Pappe kann man kleine Stücke Schaumstoff kleben, dann verschmiert beim Auflegen nichts, auch läßt sich der Druckstock u. U. noch zurechtrücken. Der Stoff soll nicht zu grobfädig sein, damit die Struktur des Fadens im Abdruck noch zu sehen ist. Nach dem Trocknen der Farbe wird der Stoff von links gebügelt – das macht die Farbe waschfest.
Das Vogelmotiv wurde auf Gartenkissen gedruckt. Man könnte es mit Stofffarbe noch teilweise ausmalen.

Bewickeln

Mit bunten Wollfäden bewickeln und bespannen lassen sich viele Sachen. Die Blumenampeln können schon von Kindern ab 10 Jahren gebastelt werden; sie sind ein hübsches Geschenk. Auch Wollreste, Spielzeug oder Krimskrams lassen sich in den Hängekörben aufbewahren. Man kann sie an die Wand, aber auch frei in den Raum hängen.
Man braucht ein Stück nicht zu dünnes Sperrholz, etwa 10 mm stark, ca. 20 × 20 cm – je nach Größe des Topfes. In die Ecken werden Löcher gebohrt und ca. 20 cm lange Rundstäbe (etwa 1 cm im Durchmesser) eingeleimt.

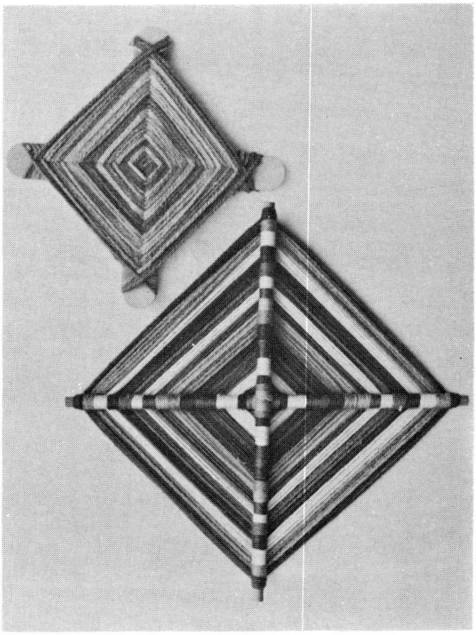

Den Faden knotet man an einem Stab fest und wickelt, von Stab zu Stab (bis zur gewünschten Höhe). Um jeden Rundstab wird nocheinmal extra herumgewickelt. Als Abschluß leimt man kleine Holzkugeln oder ähnliches auf. Zum Aufhängen Kordeln drehen oder Zöpfe flechten. Mit farblosem Lack übersprüht, sind die Ampeln wetterfest. Dann sehen sie auch auf Balkon oder Terrasse hübsch aus.
Viele Dinge kann man mit Alleskleber bestreichen und mit Wollresten bekleben. Untersetzer aus Sperrholz lassen sich verschönern. Gewöhnliche Konservendosen, Blechbüchsen oder alte Plastikbehälter lassen sich so zu einem hübschen Übertopf oder zu einem Behälter für Bleistifte, Krimskrams usw. umfunktionieren. Eine einfache Topfblume wird durch Umkleben des Topfes zu einem individuellen Geschenk. Auch alte Flaschen und Weckgläser kann man bekleben und auf diese Weise noch verwerten.

Hübsch als Wandschmuck ist auch eine Wickeltechnik, die aus Mexiko stammt. Dort gelten die auf die Spitze gestellten Quadrate in leuchtenden Farben als „Auge“ einer Gottheit.
Zwei Rundstäbe, Spatel oder dünne Leisten werden über Kreuz gelegt (eventuell etwas einkerben) und im Uhrzeigersinn in wechselnden Farben umwickelt. Dabei die Wolle jedesmal um den Stab wickeln. Die Anfänge neuer Fäden einfach über die Enden des letzten wickeln, die Fadenenden später abschneiden.

Vorhang

Für einen dekorativen Türvorhang braucht man viele Wollreste.
Dreimal so lange Fadenbündel wie die erforderliche Länge werden zugeschnitten. Am besten stellt man dazu Stühle auf den Kopf und spannt die Fäden von Stuhl zu Stuhl um die Stuhlbeine. Die Fadenbündel werden einmal zusammengelegt und mit einer Schlinge an einem Stab befestigt. Am oberen Ende sind die einzelnen Stränge netzartig miteinander verknotet. Schnell ist der Vorhang fertig, wenn man, wie bei unserem Beispiel, die Fadenbündel immer etwas versetzt gegeneinander in Knoten schlingt. Sie können aber auch zwischen den Knoten Zöpfe flechten, dekorative Makrameeknoten einflechten oder Perlen einziehen. Sind die Stränge dünner, und weniger dicht zusammengerückt, wird der Vorhang luftdurchlässiger. Im Sommer könnte man ihn vor die Terrassentüre hängen, denn er hält zudem die Fliegen ab. Aber auch für kleine Fenster eignen sich diese geflochtenen Vorhänge.

Zöpfe

Zöpfe flechten kann jedes Kind. Und mit bunten Zöpfen aus Wollresten kann man viel anfangen. Die Fäden für die Zöpfe müssen immer etwa doppelt so lang abgemessen werden wie die endgültige Zopflänge, weil das Flechten aufträgt. Eine einfache Arbeit ist der bunte Folkloregürtel, der zweimal um die Taille geschlungen wird. Er ist abwechslungsreich geflochten – mal alle Fäden zusammen als dicker Zopf, mal nach Farben getrennt in zwei oder drei Zöpfe aufgeteilt, oder es wurde ein dünner Zopf um einen dicken herumgeführt. Dazwischen umwickelt man fest mit bunten Fäden kleinere Partien. Anfang und Ende werden geknotet. An dem Gürtel hängt – natürlich mit einer Zopfschlaufe befestigt – ein Gürteltäschchen. Zwei Zöpfchen wurden zu Kreisen zusammengenäht.

Für den großen Läufer, etwa 1 m lang, braucht man schon eine Menge Reste: etwa 1000 Gramm. Schön sind Ton-in-Ton-Farben, aber auch kunterbunt sieht er lustig aus. Die Fadenbündel in entsprechendem Abstand um Stuhlbeine herumwickeln und am Anfang etwa einen Zentimeter lang fest umwickeln. Ein Zopf soll mindestens daumendick sein. Auch die Enden fest abbinden. Die fertigen Zöpfe werden mit unsichtbaren Stichen (jeweils durch die Mitte stechen) aneinandergenäht.

Auch runde Zopfteppiche sehen dekorativ aus, sind aber schwieriger herzustellen, weil man nicht länger als etwa drei Meter an einem Stück flechten kann. Die einzelnen Zöpfe werden dann aneinandergesetzt.

Flechten kann man nicht nur mit drei, sondern auch mit mehreren Strängen.

Für diesen Gürtel braucht man als Verschluß 2 Schlüsselringe und einen Karabinerhaken (Eisenwarenladen). Die Fadenbündel (je nach gewünschter Dicke etwa 5–10 Fäden) viermal so lang abmessen wie die endgültige Länge, einmal zusammenlegen und mit einer Schlaufe (siehe Zeichnung) in einen Ring einhängen. Man beginnt mit dem äußersten Fadenbündel, das wie beim Weben abwechselnd über und unter die nächsten Stränge geführt wird. Auf der anderen Seite bildet es das letzte Bündel. Das zweite Fadenbündel wird genauso verflochten, nur daß es dort über ein Bündel geführt wird, wo das erste darunter liegt, und umgekehrt. Die Enden um den zweiten Schlüsselring herumführen und verstopfen. Das erfordert etwas Geschick. Man kann auch an beiden Seiten eine Partie fest mit Fäden abbinden wie beim Folkloregürtel. Der Gürtel ist durch das Geflecht elastisch, so daß er sich der Taillenweite anpaßt.

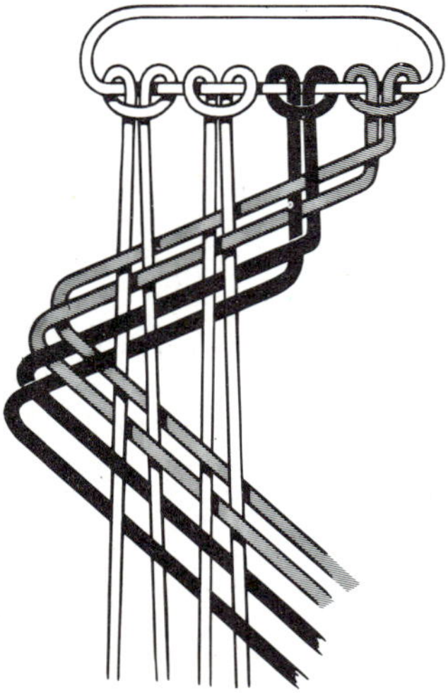

Strickliesel

Die alte Strickliesel aus einer Garnrolle mit vier Nägeln kennt jeder aus seinen Kindertagen. Eine Weiterentwicklung ist die automatisch strickende „Strickmühle", mit der man in fünf Minuten einen Meter Schlauch „strikken" kann. Man fädelt den Faden ein, hängt das Gewicht an den Anfang und dreht an der Kurbel. In der ersten Runde muß einmal eine Nadel überschlagen werden. Eine genaue Anleitung liegt jeder Strickmühle bei. Der Strickschlauch muß immer unter Zug sein; das Gewicht wird deshalb von Zeit zu Zeit wieder oben eingehängt. Die Wollreste dürfen nicht zu dick sein. Richtig ist die Stärke, wie man sie etwa für Häkelnadel Nummer 2½

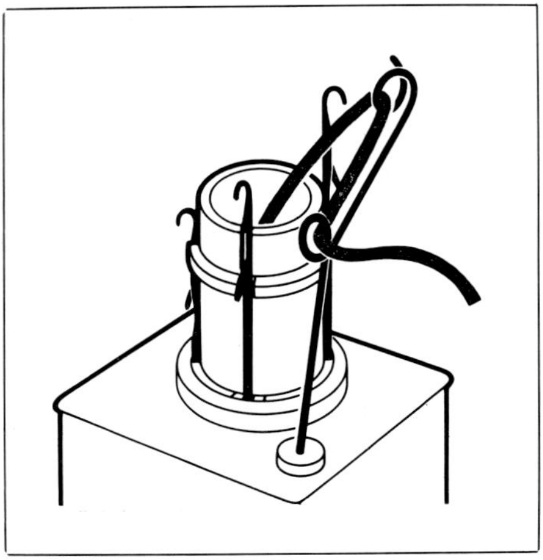

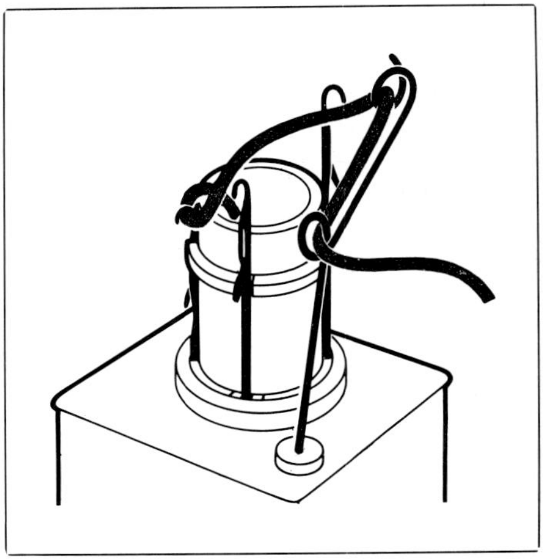

braucht. Die Mühle ist besonders geeignet für Kinder, die etwas nähen, aber noch nicht häkeln können. Für viele Kinder beginnt der Spaß an Handarbeiten mit dieser Strickmühle. Aus den Schläuchen läßt sich allerlei herstellen. Aneinandergenäht kann man z. B. Eierwärmer, Topflappen und Kissen daraus arbeiten. Wir haben die Schläuche schneckenförmig zusammengenäht und Untersetzer daraus gemacht. Für die Umrandung sind drei Schläuche zum Zopf geflochten und herumgenäht.

Aus verflochtenen Schläuchen kann man auch hübsche Gürtel anfertigen. Kleine Biegepüppchen für die Puppenstube lassen sich basteln, indem man einen Pfeifenreiniger oder ein Stück Draht in den Schlauch zieht und ein Körperchen, ähnlich wie auf S. 37, formt. Endstücke für die Füße und eine Holzkugel für den Kopf gibt es im Bastelladen.

Das große Bild zeigt einen Wandbehang. Die einzelnen Schnüre wurden mit groben Stichen auf Jute geheftet, dann auf einer Dämmplatte befestigt. Wer das zu aufwendig findet, kann die Schnüre auch direkt mit Alleskleber auf eine Platte kleben. Ganz fachmännisch ist das allerdings nicht.

Pompons

Kunterbunte Pompons lassen sich ohne Vorkenntnisse basteln. Man kann sie für viele Dinge verwenden: als Bommel für Mützen, als Gürtel oder für lustige Tiere. Basteln Sie einmal mit Kindern Pomponmotive: das macht viel Spaß. Die Zeichnungen zeigen, wie man es macht. Man schneidet zwei Kreise aus Pappe mit einem Loch in der Mitte. Der Durchmesser des Kreises entspricht der Pompongröße, das Loch in der Mitte ist etwa 1–1,5 cm im Durchmesser. Nun umwickelt man mit einer dicken Stopfnadel den Kreis, bis das Loch gefüllt ist und schneidet die Wolle vorsichtig zwischen den Pappkreisen auf. Mit einem Faden die Mitte fest zusammenschnüren. Die Pappkreise aufschneiden und herausziehen. Wenn man das vorsichtig macht, kann man sie wieder verwenden. Schön füllig werden die Pompons, wenn sie über Wasserdampf gehalten werden. Viel schneller geht es mit einem Pompongerät aus Plastik. Man bewickelt dabei Halbkreise, die zusammengesteckt werden können (Foto). Für die Mäuse braucht man nur jeweils einen Pompon, der oval zurechtgestutzt wird. Die anderen Tiere bestehen aus zwei unterschiedlich großen Pompons, die zusammengenäht werden. Ohren, Schnäbel usw. sind aus Filz und angenäht. Augen können aus kleinen Holzperlen oder Filz bestehen. Für die Beine benutzt man Pfeifenputzer oder umwickelt Blumendraht mit Wolle.

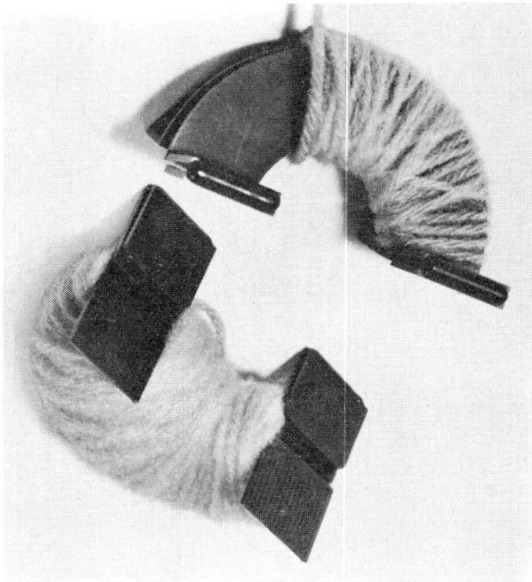

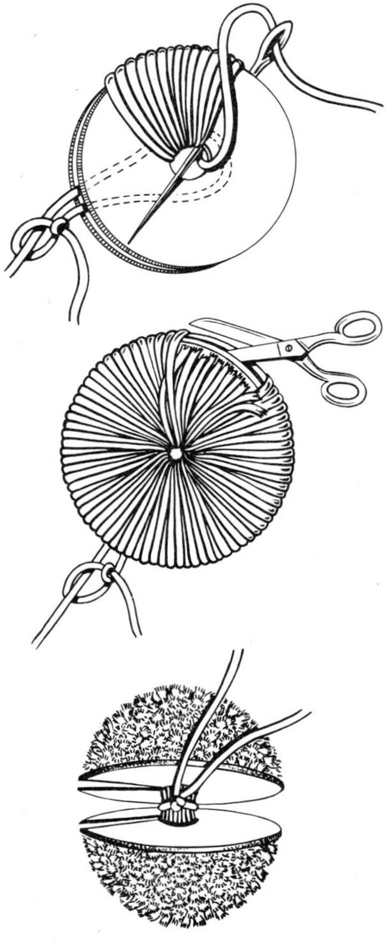

Häkeln

Häkeln ist einfach zu erlernen, schon für Kinder ab 8 Jahren. Mit einer Häkelnadel und Wollresten kann man die vielseitigsten Dinge zaubern: von der kleinsten Spielmaus – in 10 Minuten gehäkelt – bis zur großen Decke oder einem Kuschelkissen. Wer noch nie gehäkelt hat, läßt sich die Grundmaschen am besten von jemand zeigen. Man lernt es dabei wesentlich schneller als aus einer schriftlichen Erklärung. Die Zeichnungen sollen lediglich eine Gedächtnisstütze sein.
Die kleinen Brustbeutel sind ein hübsches Geschenk; aus Perlgarn- und Wollrestchen sind sie schnell gehäkelt. Der runde Brustbeutel wird aus zwei Teilen in festen Maschen gehäkelt. Auf den Häkelfaden zieht man bei Farbwechsel kleine Perlen auf, die in regelmäßigen Abständen eingehäkelt werden. Zwei Kreise dreiviertel zusammenhäkeln und eine Kordel annähen.

Zum Erlernen und Ausprobieren von verschiedenen Mustern sind die Täschchen ideal geeignet. Die viereckigen bestehen aus einem Streifen, der mit dem Klappdeckel rund ausläuft. (Maße s. Abb.) Linkes Täschchen: es wird in festen Maschen gehäkelt, jede Reihe in einer anderen Farbe. In jeder zweiten Reihe sticht man bei jeder zweiten Masche eine Reihe tiefer als normal ein. Beim Überschlagdeckel (in Stäbchen gehäkelt) nimmt man in jeder Reihe am Rand ab. Mit Kettmaschen wird die Tasche zusammengehäkelt.
Ab- und Zunehmen ist einfach: zum Zunehmen häkelt man zweimal in dieselbe Masche, beim Abnehmen wird ab und zu eine Masche überschlagen: am unauffälligsten am Rand.

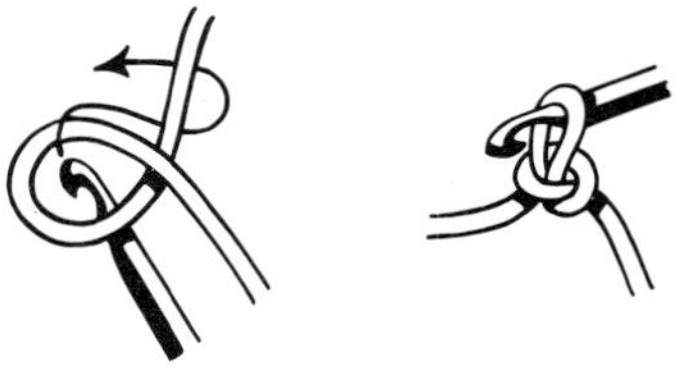

a) Luftmaschenanschlag

b) Luftmaschen

c) Luftmaschen zum Kreis schließen

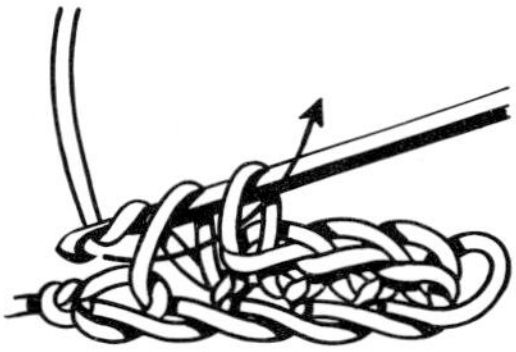

d) Kettmasche

e) feste Masche

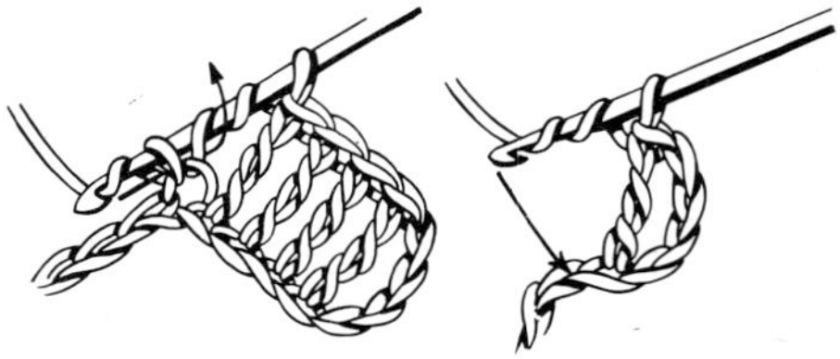

f) Doppelstäbchen

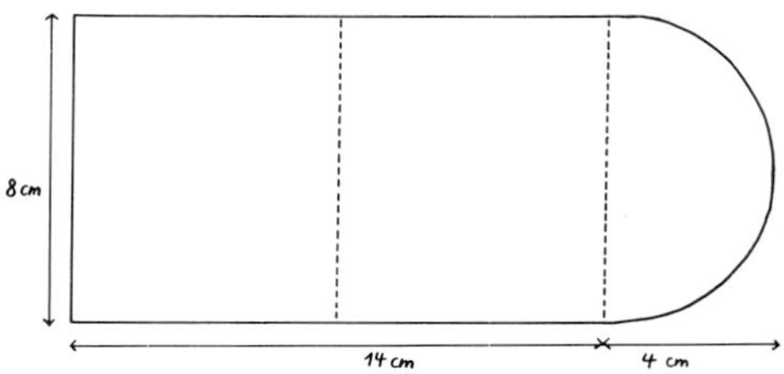

Schon aus kleinen Wollresten lassen sich Eierwärmer machen. Man beginnt am oberen Ende mit 5 Luftmaschen, die man zum Kreis schließt. Dann in den folgenden Runden bis zur halben Höhe zunehmen. Von da ab gleiche Maschenzahl. Sie können aber auch an der unteren Seite mit einem großen Luftmaschenkreis beginnen und zur Spitze hin abnehmen. Die Zeichnung dient als Schnitt. Beim Drauflegen sieht man, ob man nicht zu weit „danebenliegt". Zum Anfassen machen Sie einen Pompon oder häkeln eine Schlaufe. Den Zackenrand (Mausezähnchen) zum Schluß anhäkeln: 1 feste Masche in die Kante, 3 Luftmaschen, 1 feste Masche in die erste Luftmasche, 1 feste Masche wieder in den Rand usw.

Man kann viele Muster häkeln. Einfache Kreise in festen Maschen aus mehreren Farben machen sich sehr hübsch. Bunte Perlen einhäkeln; nur auf den Faden aufziehen.

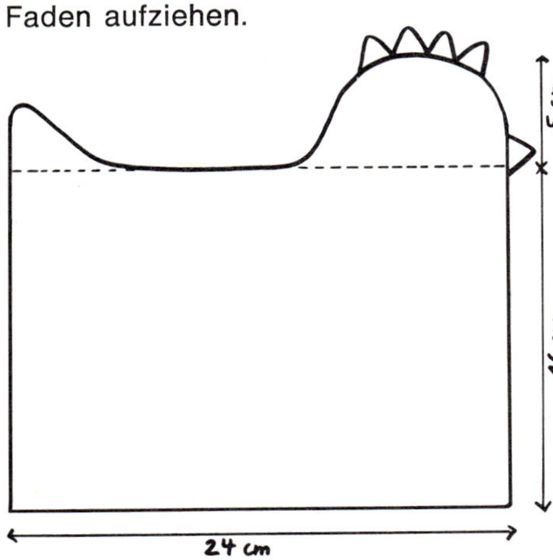

Der rotweiße Eierwärmer ist in Stäbchen (Abb. S. 24) gehäkelt. Durch die Lücken sind mit der Stopfnadel farbige Fäden gezogen. Die Eierhenne sitzt auf einem Korb und hält mit ihrem plusterigen Körper in Schlingenhäkelei die Eier warm. Verbrauch etwa 60 g Wolle. Beim Schlingenhäkeln wird in hin- und hergehenden Reihen gearbeitet. Die Rückreihen sind aus festen Maschen. Bei den Hinreihen arbeitet man so: durch beide Maschenglieder der Vorreihe stechen, den Arbeitsfaden einmal um den Mittelfinger schlingen, mit der Nadel durchholen, den Faden nochmal holen und durch beide auf der Häkelnadel liegenden Schlingen ziehen, Finger aus der Schlinge nehmen. Ab- und Zugenommen wird in den Rückreihen. Zwei Teile arbeiten und zusammenhäkeln. An der unteren Öffnung kann ein Gummiband eingezogen werden. Dann paßt die Henne auf verschieden große Körbe. Den Zackenkamm häkelt man so: eine Reihe feste Maschen. Rückreihe: 3 Luftmaschen, 1 feste Masche in die 2. Luftmasche, 1 Stäbchen in die 1. Luftmasche, 1 feste Masche in die Maschen der Vorreihe, dabei 2 Maschen überspringen dann wieder 3 Luftmaschen usw.

Das kleine Huhn ist genauso wie das große gearbeitet. Dieser Schnitt ist originalgroß.

Zur Anregung für geübtere Häklerinnen: mit 30–50 g Garnresten kann man hübsche Sets häkeln; sie sollten allerdings waschbar sein.

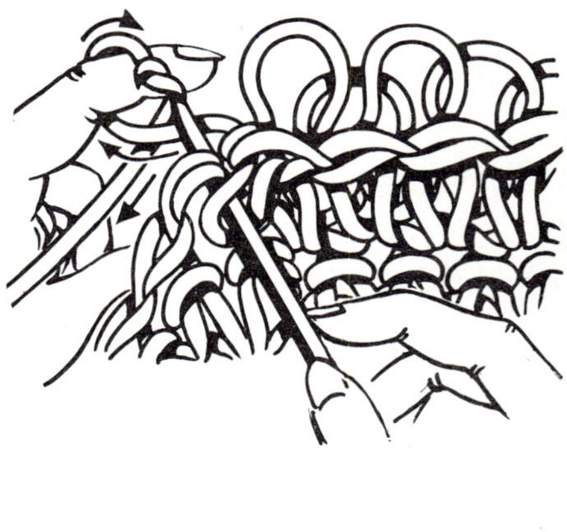

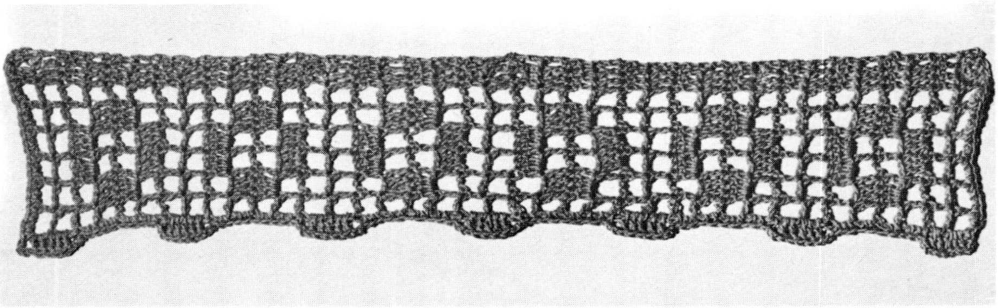

Filethäkelei

Schon aus kleinen Resten kann man hübsche Borten in Filethäkelei anfertigen. So nennt man die Technik, bei der ein Lochmuster nur mit Stäbchen und Luftmaschen gehäkelt wird. Sets, Tischdecken, Kleidungsstücke oder, wie auf unserem Bild, ein Küchenbord lassen sich damit dekorativ und ein wenig altmodisch verzieren. Jedes dünne, festgedrehte Garn eignet sich dafür.
Einen eigenen Entwurf können Sie ganz einfach auf Karopapier entwerfen. Das ergibt Ihre „Häkelschrift". Jedes gefüllte Kästchen bedeutet 3 oder 4 Stäbchen, die leeren Kästchen sind die Löcher, die aus 2 oder 3 Luftmaschen gebildet werden. Die genaue Anzahl richtet sich nach der Stärke des Garnes und der festen oder losen Häkelweise. Am besten vorher eine kleine Probe machen.

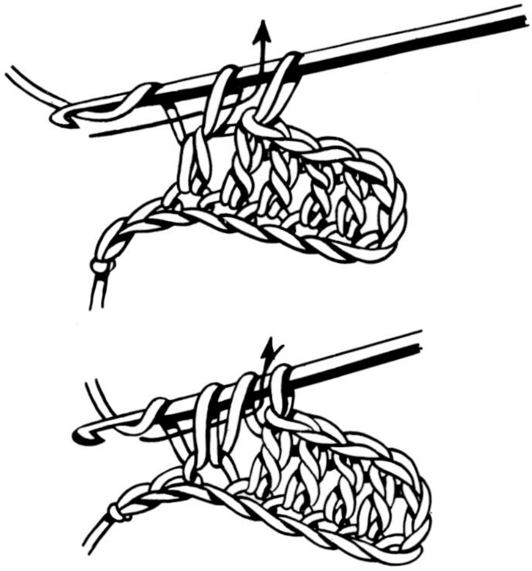

Stäbchen: Faden um die Häkelnadel schlagen, in die folgende Masche einstechen, Faden holen, umschlagen, Faden durch die letzten beiden Schlingen holen.

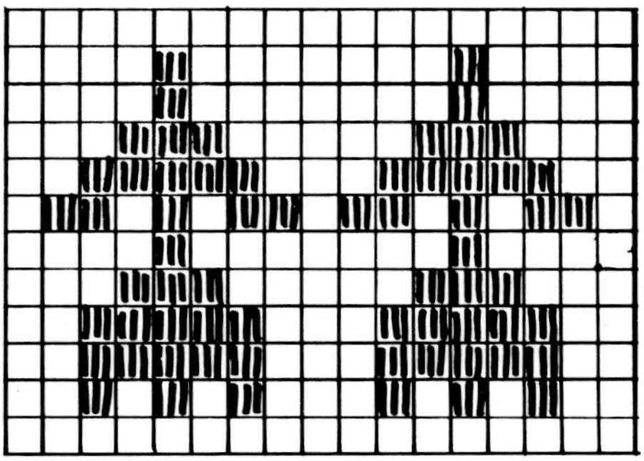

Man beginnt mit dem Luftmaschenanschlag und häkelt meistens die Borte von der Schmalseite her. Es geht aber auch von der breiten Seite, wenn sie nicht zu lang ist. Die kleine Kante ist zum Schluß angehäkelt. Die fertige Borte wird sorgfältig gewaschen, gedämpft und mit Sprühstärke behandelt. Das macht sie gleichmäßig und fest.

A
B
C
D

Eine Decke zum Üben ...

Dies ist ein Ausschnitt aus einer „Häkel-Übungs-Decke". Darin sind viele verschiedene Häkelmuster erprobt worden, die man auch für Topflappen, Kissen, Westen usw. verwenden kann. Es macht auch Spaß, eigene Häkelmuster zu erfinden. Wenn man zu mehreren zusammensitzt, dauert es gar nicht so lange, bis eine Decke fertig ist. Auch im Wartezimmer oder am Strand kann das Quadrate-Häkeln eine nette Abwechslung sein. Jedes Teil ist etwa 12 × 12 cm groß. Einige sollen hier zum Nacharbeiten beschrieben werden. Wenn sie etwas kleiner ausfallen, weil die Wolle dünner ist, häkelt man einfach eine Runde feste Maschen drumherum.

Wellenlinien (Quadrat A)
Das Quadrat wurde in Stäbchen gehäkelt. Durch die Lücken sind doppelte Fäden mit einer Stopfnadel im Webstich durchgezogen.

Karomuster (Quadrat B)
1. Reihe: Luftmaschenanschlag, gerade Zahl.
2. Reihe: 3 Luftmaschen, 1 Stäbchen + 2 Luftmaschen, 2 Maschen überspringen und 2 Stäbchen in die folgenden Maschen; ab + wiederholen.
3. Reihe: Farbe wechseln, 2 Luftmaschen zum Wenden, + jeweils 2 Stäbchen in die Luftmaschenlücke der Vorreihe. Dabei so tief einstechen, daß man die Maschen des Luftmaschenanschlags aufnimmt, also in die Maschen der vorletzten Reihe einsticht, dann 2 Luftmaschen, ab + wiederholen.
4. Reihe: Farbe wechseln, 2 Wendemaschen, wieder jeweils 2 Stäbchen in die Stäbchen der vorletzten Reihe einstechen, mit 2 Luftmaschen die Stäbchen der Vorrunde überbrücken usw.
Letzte Reihe: Keine Luftmaschen häkeln, dafür feste Maschen in die Stäbchen der Vorreihe häkeln.

„Ananas-Motiv" (Quadrat C)
1. Runde: Luftmaschenanschlag.
2. Runde: 2 Luftmaschen zum Wenden, 1 Luftmasche, 1 Stäbchen, 1 Luftmasche usw.
3. Runde: Zwischen die Stäbchen je ein „Ananas-Motiv" einhäkeln: 1 Umschlag, Häkelnadel durch die Luftmaschenlücke stechen, 1 Umschlag und Schlinge durchholen, die 2 Schlingen hochziehen. Das noch 2- oder dreimal wiederholen (je nachdem, wie dick das Büschel werden soll), 1 Umschlag und Faden durch alle Schlingen ziehen, 1 Umschlag und durch die letzte Schlinge ziehen, 1 Luftmasche und Motiv wiederholen. Das Quadrat endet wieder mit einer Reihe Stäbchen.

Zickzackmuster (Quadrat D)
1. Reihe: 24 Luftmaschen anschlagen (Maschenanzahl teilbar durch 12).
2. Reihe: 2 Luftmaschen zum Wenden, 4 halbe Stäbchen, in die 5. Masche 3 halbe Stäbchen einhäkeln, 4 halbe Stäbchen, dann 1 Umschlag, in die folgende Masche einstechen, Faden holen, 1 Masche übergehen, 1 Umschlag, in die nächste Masche einstechen, Faden holen und alle 5 Schlingen zusammen abmaschen. Das Ganze noch einmal wiederholen und die Reihe mit einer Kettmasche schließen.
3. Reihe: Farbe wechseln, 2 Luftmaschen zum Wenden und weiter wie in der 1. Reihe arbeiten.

„Patchwork"-Häkelei

Die amerikanische Patchwork-Häkelei ist einfach zu erlernen und geht schnell. Kunterbunt ist sie besonders hübsch und deshalb praktisch für Wollreste jeder Art.
Man häkelt so:
4 Luftmaschen anschlagen und mit einer Kettmasche zum Ring schließen.

1. Runde: 3 Luftmaschen (ersetzen das 1. Stäbchen), 2 Stäbchen in den Ring häkeln, 2 Luftmaschen, 3 Stäbchen in den Ring, 2 Luftmaschen, 3 Stäbchen, 2 Luftmaschen, 3 Stäbchen, 2 Luftmaschen und mit einer Kettmasche die Runde schließen.
Die Farbe wechseln.

2. Runde: in eine der Ecken, die aus den Luftmaschen der Vorrunde gebildet werden, 3 Stäbchen, 2 Luftmaschen und noch einmal 3 Stäbchen einhäkeln. Dann zur Überbrükkung der folgenden Stäbchengruppe 2 Luftmaschen häkeln, in die Ecklücke wiederum eine Gruppe aus 3 Stäbchen, 2 Luftmaschen, 3 Stäbchen einhäkeln, und so fortfahren, bis die Runde mit einer Kettmasche geschlossen werden kann.
In den kommenden Runden verfährt man genauso. Die Ecken werden aus jeweils zweimal 3 Stäbchen und 2 Luftmaschen gebildet, die Stäbchengruppen werden mit 2 Luftmaschen überbrückt und die Lücken aus der Vorrunde mit 3 Stäbchen behäkelt. So kann man zu beliebiger Größe weiterhäkeln, wie zwei der Kissen zeigen. Oder Sie häkeln lauter kleine Vierecke aus 3–5 Runden und häkeln diese zusammen. Das große Schultertuch und das blaue Kissen sind so gemacht. Wer viel Reste und Ausdauer hat, kann sich eine ganze Decke in dieser Technik häkeln.

Gürtel

Diese farbenfrohen Gürtel sind in ganz einfacher Durchzugs- und Sticktechnik entstanden. Schon Kinder ab 8 Jahren können das. Auch kleine Wollreste lassen sich noch verwenden. Den Grundstoff (Aida) gibt es im Handarbeitsladen in mehreren Farben.

Durch das grobe Raster ist das Auszählen und Durchziehen mit einer stumpfen Nadel ein Kinderspiel. In dieser Technik lassen sich auch kleine Umhängetaschen, Brustbeutel und Bänder für die verschiedensten Zwecke gestalten. Schon die fünf Gürtel, die von Zwölfjährigen gestickt wurden, zeigen, daß es fast unerschöpfliche Mustermöglichkeiten gibt.

Es sind nur zwei Sticharten, die verwendet werden: Vor- und Steppstich. Beim Vorstich zieht man den Faden abwechselnd auf der Ober- und Unterseite durch. Beim Steppstich arbeitet man von rechts nach links. Die Nadel zur Oberseite ausstechen, nach rechts ein Stück zurück nach unten stechen und zwei Stichlängen weiter vorn wieder ausstechen.

Die Gürtel werden etwas breiter zugeschnitten, an beiden Seiten einen Zentimeter umgeklappt; der Rand wird mit Steppstichen befestigt. Einen Entwurf macht man sich mit farbigen Filzschreibern auf Millimeterpapier.

Einige Vorschläge für Verschlüsse: Gürtelschnalle eines alten Gürtels verwenden, Knöpfe und Knopfschlaufen oder einen Knebelknopf mit Schlaufe annähen. Auch der Verschluß des Zopfgürtels (S. 14) mit zwei Schlüsselringen und einem Karabinerhaken ist einfach zu machen.

Die Gürtel auf der folgenden Seite sind ebenfalls alle aus Resten gemacht. Am einfachsten ist der Kordelgürtel zu machen, der mehrmals um die Taille geschlungen wird. Er paßt gut zu Folklorekleidern und ist in einer halben Stunde fertig. Als „Geschenk in letzter Minute" prima geeignet! Man mißt etwa 12–20 Fäden je nach gewünschter Dicke der Kordel ab, die dreimal so lang sein müssen wie die gewünschte Länge. Aufdrehen und einmal zur Kordel zusammendrehen, die Enden verknoten. Hübsch dazu: bunte Pompons als Abschluß. Mit dem Pompongerät (siehe S. 18) sind sie im Nu gemacht, auf Pappringen ist es etwas mühsamer. Dekorativ sind auch Kordelgürtel mit eingezogenen Perlen oder Messingringen.

Der rote Gürtel ist zwar einfach anzufertigen, erfordert aber Geduld. Grundstoff ist feiner Stramin, auf den im Flachstich dicht an dicht das Muster aufgestickt wird. Da die ganze Fläche zugestickt wird, kann man den Entwurf mit Filzschreibern direkt auf den Grundstoff malen. Wie alle hier gezeigten Gürtel wird auch dieser zum Schluß mit einem feuchten Tuch gedämpft.

Der helle Gürtel trägt ein aufgesticktes Muster in Kreuzstich. Die Technik kennt jedes Kind. Wichtig ist, daß man ein Grundgewebe wählt, das relativ grob ist, so daß man die Fäden gut

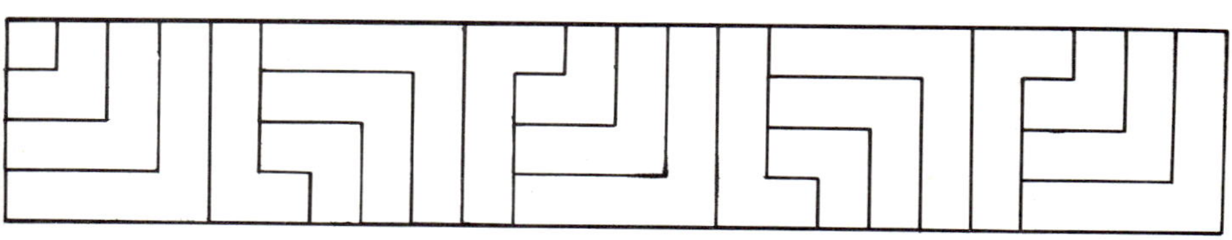

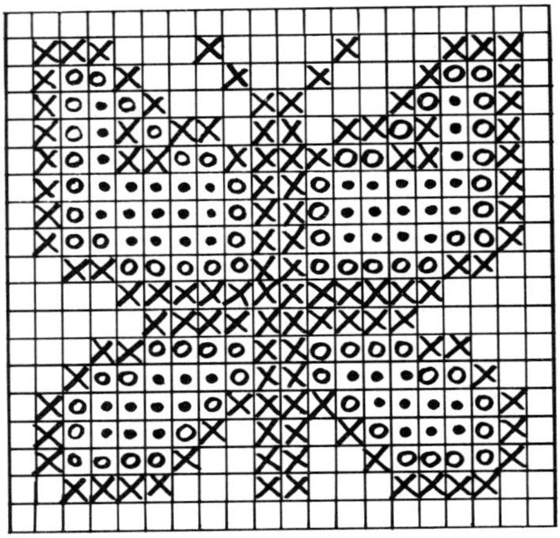

auszählen kann. Kett- und Schußfaden müssen die gleiche Stärke haben. Je gröber das Grundgewebe, desto dicker muß der Stickfaden sein.
Die Muster entwirft man selbst mit Filzschreibern auf Karopapier. Anregungen sollen die Zeichnungen vermitteln. Die verschiedenen Farben sind durch unterschiedliche Symbole gekennzeichnet. Es gibt wohl kaum etwas, das man nicht mit Kreuzstichmotiven verschönern könnte, z. B. Sets, Tischdecken, Kleidungsstücke, Borten für viele Zwecke.

Der Kreuzstich-Gürtel hat einen besonders hübschen und einfachen Verschluß. Durch angenähte Ösen läuft kreuzweise eine Kordel. So kann man die Weite gut regulieren.

Hübsch ist auch eine kleine, völlig mit Kreuz- oder Flachstich ausgefüllte Fläche. Ein Beispiel gibt die Zeichnung: so etwa könnte ein kleines Nadelkissen oder Täschchen entworfen werden.

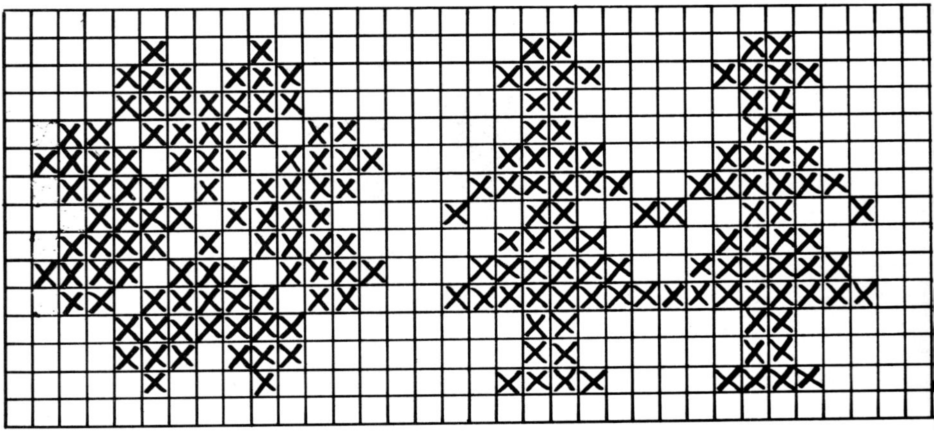

Puppen

Es macht viel Spaß, ein kleines Püppchen oder Schmusetier selbst zu machen. Eigentlich ist immer jemand da, dem man damit eine Freude bereiten kann. Bis auf den Teddybär (ca. 50 g) erfordern die Püppchen nur 20–40 g. Das Besondere ist, daß fast alle nur aus rechteckigen Teilen bestehen. Man braucht also nur geradeaus stricken zu können. Deswegen sind alle auch von Anfängern zu bewältigen. Vorausgesetzt werden allerdings Kenntnisse im Maschenanschlag, rechte und linke Maschen. Zu- und Abnehmen braucht man nur bei einer Puppe zu können. Die Zeichnungen auf S. 39 dienen der Gedächtnisauffrischung.

Alle Puppen sind aus Acrylresten gestrickt und mit Diolenwatte ausgestopft, damit sie waschbar sind. Die abgebildeten verkleinerten Schnitte kann man auf Karopapier (Rechenheft) am einfachsten vergrößern. 2 Kästchen sind dort 1 cm.

Beim blauen Püppchen beginnt man mit dem Stricken am oberen Ende, strickt bis zum Schlitz, strickt ein Bein hoch und legt die übrigen Maschen solange auf eine Sicherheitsnadel. Maschenanschlag für Nadeln Nr. 3 sind etwa 24 Maschen. Wenn man die Proportionen einhält, lassen sich die Puppen in fast jeder Größe anfertigen.

Anschließend auf jeder Seite eine Hälfte umschlagen, Beine und Rükken zusammennähen. Ausstopfen, in

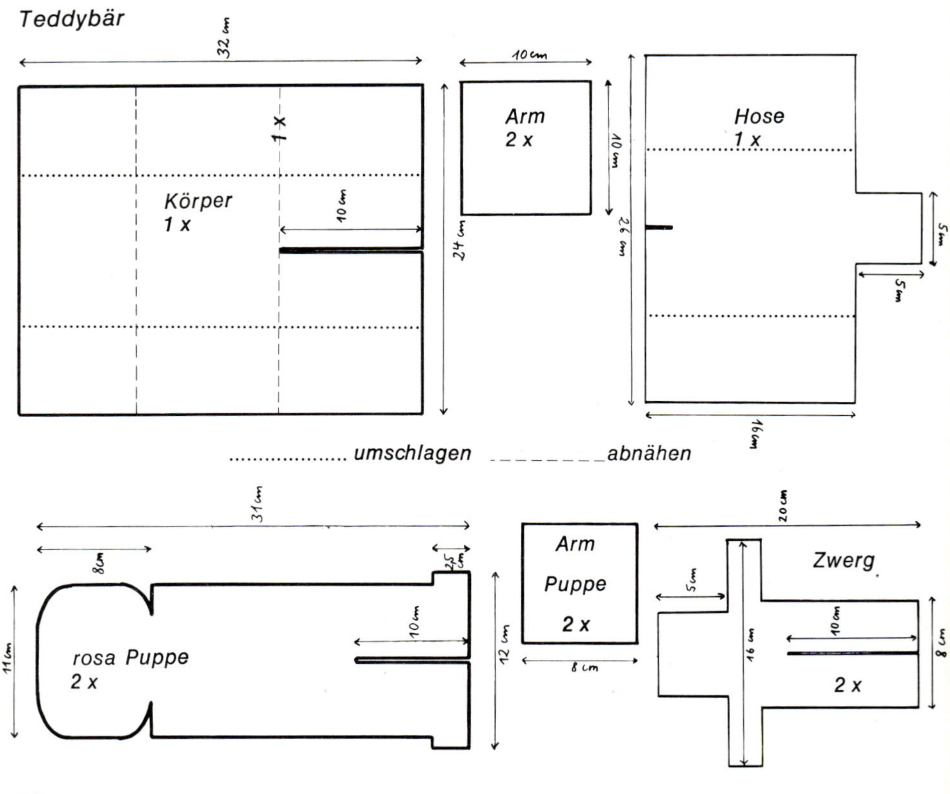

der Höhe des Halses einen Faden durch- und zusammenziehen. Kopf ausstopfen und oben zusammenziehen. Haare aufnähen, Augen und Mund sticken. 2 Rechtecke für die Arme stricken, zusammennähen, ausstopfen, an den Körper nähen.
Der Teddybär ist nach dem gleichen Prinzip gearbeitet. Nur werden auch die Beine abgenäht, damit er sitzen kann. Bevor der Kopf zugenäht wird, umnäht man für die Schnauze einen kleinen Kreis, zieht ihn zusammen und stopft ihn ein bißchen aus. Wie die Ohren abgenäht werden, zeigt das Foto. Die gehäkelte Latzhose besteht nur aus einem Teil. An der rosa Puppe kann man Zu- und Abnehmen üben, denn der Kopf ist rund. Der Körper besteht aus 2 Teilen. Schuhe und Söckchen sind andersfarbig gestrickt. Die Haare: dicke, fest eingestickte Wollschlaufen.

Beim Zwerg sind auch die Arme gleich mit angestrickt. Er ist ganz besonders einfach zu stricken, weil nur Rechtsmaschen vorkommen. Die Mütze ist extra gestrickt und angenäht.
Aus einem spitz zulaufenden Schlauch (aus einem Stück) ist die kleinste Puppe gemacht. Beine und Arme sind durch Abnähen herausgeformt, das Lätzchen an der Hose ist angestrickt.

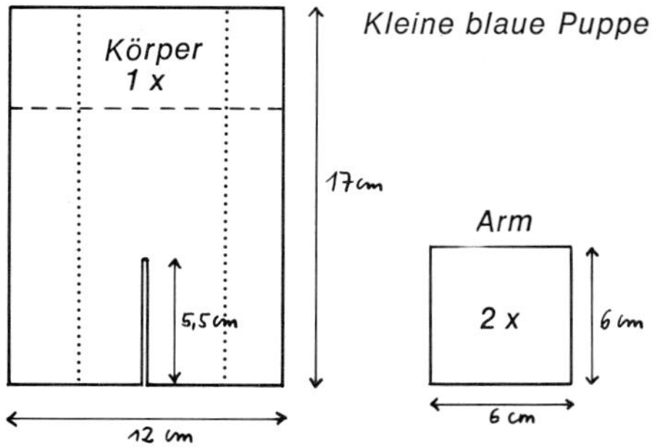

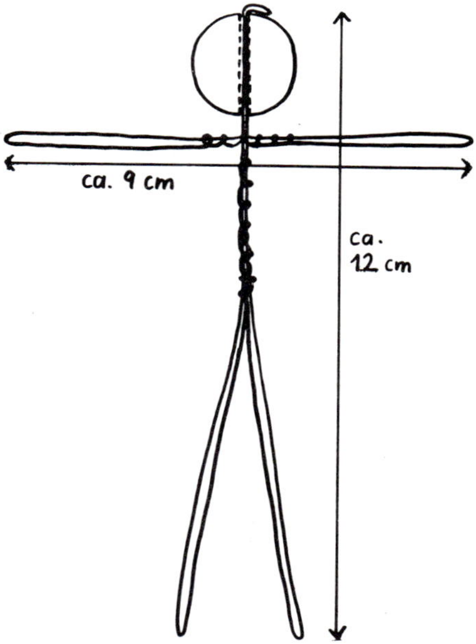

Biegepüppchen

Schnell gebastelt sind diese Püppchen, die aus einem Drahtgestell (Blumendraht) bestehen, das mit Wollresten umwickelt ist. Man kann sie in jede gewünschte Stellung biegen. Für Puppenstuben sind das wunderbare Spielpuppen. Der Kopf ist eine kleine Holzkugel aus dem Bastelladen. Die Haare werden aufgeklebt, das Gesicht mit Filzschreiber gemalt. Die Pullover sind einfach „angewikkelt“, die anderen Kleidungsstücke gehäkelt.

Zopfpuppen

Eine niedliche Sache sind diese gelenkigen Zopfpüppchen, die man schnell aus etwa 50 g Wollresten basteln kann. Die Wolle wird über einem Buch zu Strängen gewickelt und aufgeschnitten. Man braucht 3 Stränge: je einen für die Haare, etwa 40 cm lang; für die Arme, etwa 35 cm lang; für den Körper, etwa 60 cm lang. Die Stränge sollen ungefähr so dick sein wie ein Besenstiel, der Strang für den Körper etwas dicker.
Man braucht noch eine Holzkugel mit großem Loch (etwa 6 cm ⌀) für den Kopf, 2 Fuß- und 2 Handteile.
Aus einem Strang eine Schlaufe bilden und durch den Kopf ziehen. Auf unserem Bild kann man das bei der rechten Puppe am gelben Haarschopf gut erkennen. Den Strang für die Arme an einer Seite zusammenbinden, zum Zopf flechten und durch die Schlaufe ziehen. Den Strang für den Körper ebenfalls durch die Schlaufe ziehen, ein Stück zum Zopf zusammenflechten, dann teilen und zwei Beine flechten. Jetzt erst die Haare strammziehen und eine Frisur machen. Die Enden der Zöpfe mit Wolle stramm umwickeln und in die Hand- und Fußteile einkleben. Man kann die Enden auch nur als kleine Büschel stehen lassen. Das Gesicht mit Filzschreiber bemalen.
Wie verschieden die Püppchen trotz gleicher Machart ausfallen können, sieht man im Innentitel. Sie wurden von 12jährigen Mädchen gebastelt.

Kuschelkissen

Mit Kuschel-Tieren und -Kissen macht man Kindern, aber auch Teenagern, eine große Freude. Alle Tiere lassen sich nach den einfachen Schnitten stricken oder häkeln. Runde Formen sind leichter zu häkeln.

20 **Minuten** brauchen Sie nur zur Anfertigung der kleinen Spielmäuse, für die ein winziger Wollrest und ein wenig Watte oder ein Stück Perlonstrumpf zum Ausstopfen genügen. Sie eignen sich auch als Häkelübungsstück für Kinder, weil sie so schnell fertig sind. Man beginnt am Schwanz, häkelt ca. 30 Luftmaschen, 1 feste Masche in die drittletzte Luftmasche, dann in Runden mit festen Maschen weiterhäkeln. In den ersten vier Runden jeweils 2 bis 5 Maschen zunehmen, drei Runden bei gleicher Maschenzahl bleiben, in den folgenden 5 Runden wieder kontinuierlich abnehmen. Ausstopfen, bevor man die Spitze ganz zuhäkelt. Augen und Schnauze sticken.

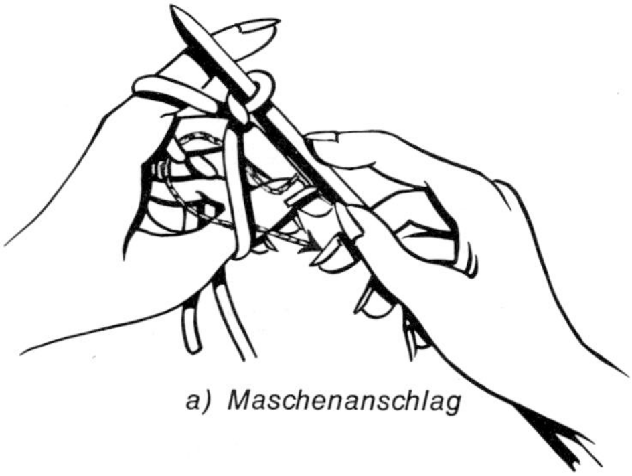

a) Maschenanschlag

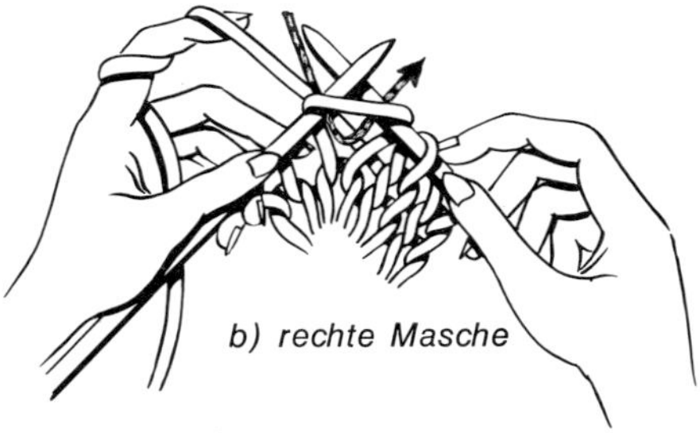

b) rechte Masche

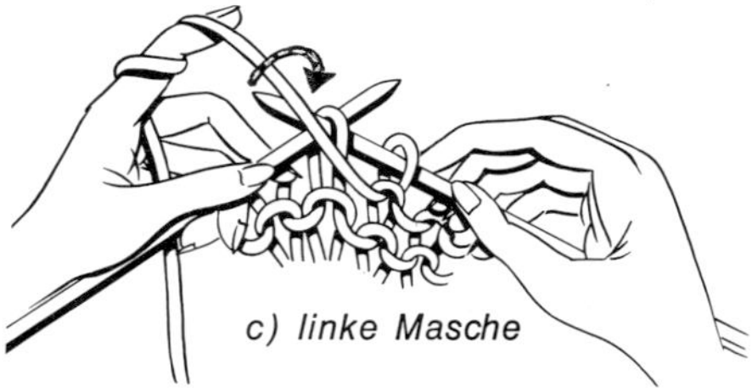

c) linke Masche

Zwei ovale Teile werden für das Schäfchen in festen Maschen gehäkelt. Um die ovale Form zu erreichen, schlägt man etwa 10 Luftmaschen an, häkelt 1 oder 2 Reihen feste Maschen hin und zurück. Dann erst häkelt man rundum und nimmt am Anfang des Ovals besonders an den Schmalseiten zu. Das Kopfteil ist gestrickt. Am breiten Ende anfangen. Die „Frisur" häkelt man in Schlingenhäkelei an. Ohren separat stricken und nur am oberen Ende annähen.

Das Schaf verbraucht etwa 100–150 g Wolle; auch bunt gestreift sieht es sehr lustig aus.

Ungefähr die gleiche Menge braucht man auch für die Katze, die eine schwarze und eine weiße Seite hat. Beide Teile sind in festen Maschen gehäkelt, Augen und Nase in Kettenstich aufgestickt. Schwanz und Halsband bestehen aus Luftmaschen. Auch kleiner ist die Katze ein niedliches Maskottchen oder Schlaftier.

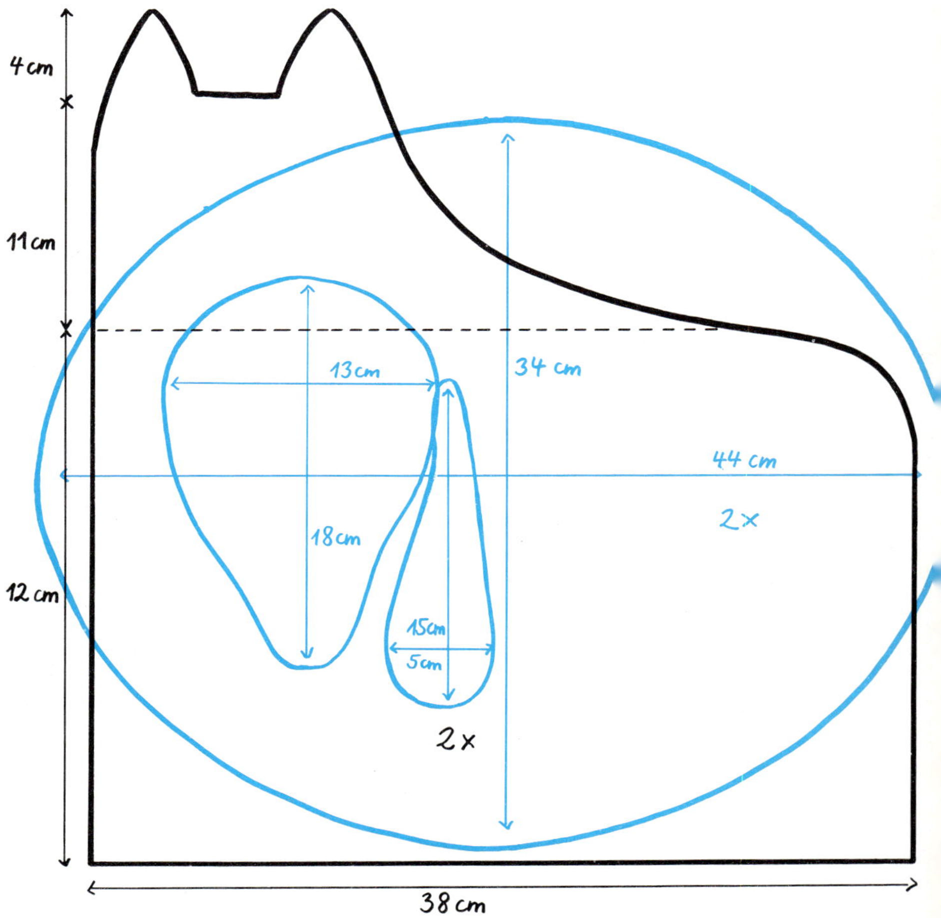

Die kleine bunte Schildkröte, die umseitig auf dem Farbbild neben der großen schwarzen Katze zu sehen ist, eignet sich ganz besonders für Kinder, weil sie einfach zu häkeln und schnell fertig ist: Zwei Kreise in festen Maschen häkeln, Beine und Kopf aus festen Maschen, am Ende etwas abgerundet. Mit ausgebrauchten Perlonstrümpfen stopfen wir die Schildkröte aus und geben ihr so die richtige Form. Das kleine Schaf ist ein richtig kuscheliges Einschlaftier. Für Kopf und Körper wurde ein Rest Chenillegarn verwendet, das gehäkelt wie ein Fellchen wirkt. Kopf und Körper bestehen jeweils aus zwei zusammengenähten ovalen Teilen. Die Beine sind gehäkelt: Luftmaschen zum Kreis schließen und in festen Maschen in Runden hochhäkeln. In den ersten Reihen einige Maschen zunehmen. Ausstopfen und an den Körper nähen. Die Ohren sind gestrickt und mit Kettmaschen in Rosa umhäkelt. Der Kopf ist extra ausgestopft und auf den Körper genäht.

Der so treuherzig guckende Löwe wird von Kindern heiß geliebt und auch von Erwachsenen als Nackenkissen geschätzt, weil man den Kopf so bequem hineinlegen kann. Die Anfertigung ist kinderleicht: es werden zwei Schals 70 x 15 cm groß, und ein Schal im Format 25 x 35 cm in Rechtsmaschen gestrickt. Zusammenlegen und an den Seiten zusammenhäkeln oder -nähen. Die ausgestopften Teile nähen Sie in U-Form aneinander, so daß ein gelenkiger Körper entsteht.
Der Kopf wird aus zwei runden, in festen Maschen gehäkelten Teilen zusammengehäkelt. Die letzten 5 Reihen häkeln Sie zur Halskrause in Schlingenhäkelei. Augen und Nase aufsticken. Den Kopf ebenfalls ausstopfen und an den Körper nähen.

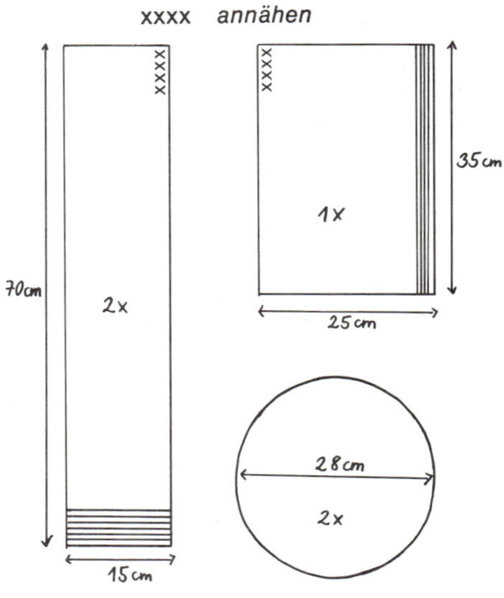

Weben

Weben ist eine Handarbeitstechnik, die unendlich viele Möglichkeiten und Techniken bietet. Ohne Kosten und aufwendiges Werkzeug kann man klein beginnen, dabei aber schon sehr hübsche Sachen herstellen. Unsere Vorschläge, alle mit Wollresten gemacht, dienen vielleicht dazu, Ihnen so viel Spaß dabei zu vermitteln, daß Sie sich dem Weben intensiver widmen möchten.

Die einfachste Technik können schon Kinder: das Weben über Pappe. Ein Stück feste Pappe wird an zwei Seiten im Abstand von etwa einem halben Zentimeter eingeschnitten. Man spannt Fäden aus nicht zu weicher Wolle von unten nach oben, die auf der Rückseite wieder nach unten laufen und durch den nächsten Schlitz geführt werden. Diese längs verlaufenden Fäden heißen bei jedem Webstück Kettfäden. Wenn sich die Pappe beim Bespannen ganz leicht biegt, kann man leichter mit der Nadel durchstopfen. Mit einer groben Stopf- oder Sacknadel zieht man den Querfaden (Schußfaden) abwechselnd über und unter den Kettfäden durch. Zum Wenden den Faden immer um den letzten Kettfaden herumführen. Ab und zu mit einem Kamm das Gewebte etwas dichter zusammenschieben. Am einfachsten sind natürlich Streifen zu weben. Man kann aber auch mit glänzender oder besonders dicker Wolle Effekte in das Gewebe hineinbringen, auch Stoffstreifen oder Holzperlen lassen sich mit einweben. Fadenanfänge

und Enden läßt man entweder als Fransen hängen oder vernäht sie.
Kleine Bilder lassen sich weben, wenn man den Entwurf in groben Umrissen auf ein Papier zeichnet und dieses einfach unter die Kettfäden schiebt. Wenn die Pappe vollgewebt ist, schneidet man die Kettfäden auf der Rückseite der Pappe auf und verknotet jeweils zwei oder mehrere miteinander, damit sich das Gewebe nicht auflöst. Man kann sie als Fransen stehen lassen oder auch vernähen. Aus solchen gewebten Teilen können Sie kleine Läufer, Täschchen, Wandbehänge usw. machen.
Größere Stücke lassen sich besser auf einem einfachen Holzrahmen weben. Vier Leisten (etwa 4 x 2 cm) werden zu einem Rahmen aufeinandergeleimt und geschraubt.

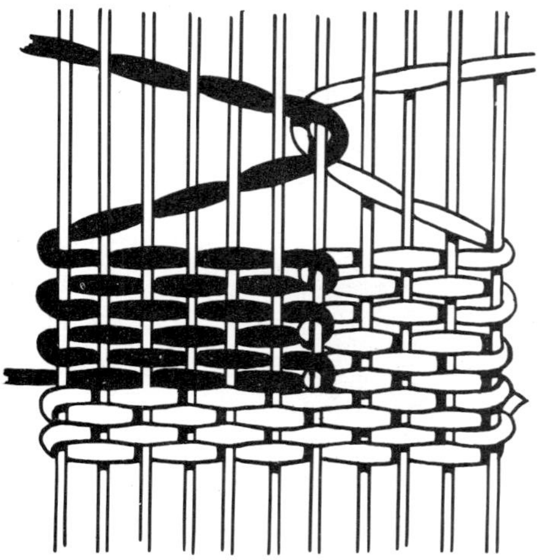

Gobelinverbindung

Unser Beispiel mit der gewebten Katze auf dem Titelbild ist 45 x 35 cm groß. Man kann erkennen, wie die Nägel eingeschlagen sind, über die die Kettfäden gespannt sind: in zwei Reihen, gegeneinander versetzt. Der Abstand zwischen den Nägeln beträgt 1 cm, zwischen den einzelnen Fäden ½ cm. Gewebt wird mit einer großen Sacknadel. Wichtig ist, daß man den Schußfaden nicht zu stramm zieht, damit das Webstück keine „Taille" bekommt. Ein Trick: ziehen Sie den Faden schräg durch und schlagen ihn dann mit einem Kamm an.
Beim Bildweben ist es am einfachsten, wenn man zunächst alle Bildteile webt und anschließend den Hintergrund. Bei unserem Beispiel sind das die Katze und die Blumen. Dabei hat man zwei Möglichkeiten der Gestaltung. Webt man z. B. mit den weißen Fäden bis an die Bildteile heran, etwa den grünen Stengel der Blume, umschlingt den ersten Kettfaden des Stengels, bevor man wendet und zurückwebt, entsteht ein geschlossenes Gewebe. Man nennt dies eine Gobelinverbindung. Wendet man dagegen mit dem weißen Faden um, ohne den

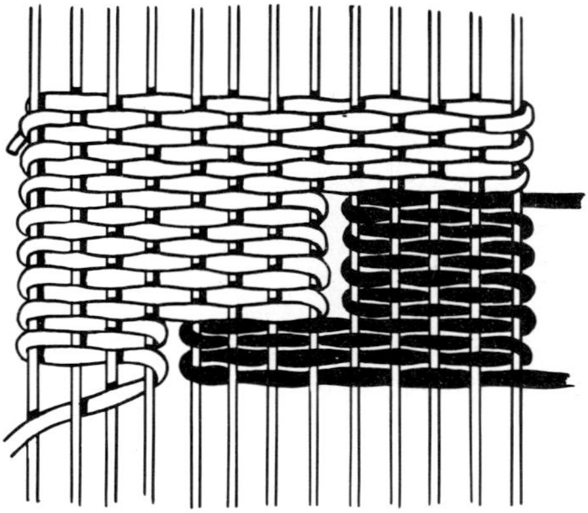

Kelimweberei

ersten Kettfaden des Stengels zu umschlingen, entsteht ein Schlitz zwischen dem Stengel und dem Hintergrund (Kelimweberei). Im Entwurf geschickt angebracht, können die Schlitze das Werkstück sehr beleben. Den Holzrahmen kann man natürlich öfter gebrauchen. Das Gewebte kann man aber auch darauf lassen und mit „Rahmen“ an die Wand hängen.

Auch das Rundweben ist sehr einfach, aber dekorativ. Ein Stück Schweißdraht (Eisenwarenladen) wird gebogen und an den Enden zusammengebunden. Die Kettfäden spannen Sie kreuzweise so, wie die Zeichnung zeigt. Zum Schluß soll eine ungerade Anzahl von Fäden vorhanden sein. Die noch freien Drahtstücke werden ebenfalls umwickelt. Von der Mitte aus webt man jetzt nach außen. Abwechslung ergeben verschieden dicke Garne, eingewebte Holzperlen, dünne Zöpfe oder wie bei unserem Beispiel, eingeknüpfte Wollbüschel. Die Aufhängung kann ein Zopf sein oder eine Schlaufe, die durch den Reif gezogen wird.

Der große Wandbehang in verschiedenen Rottönen ist so gewebt, wie vermutlich Urmenschen schon gewebt haben. Man braucht als Rahmen lediglich zwei kräftige trockene Äste, einige Steine, möglichst mit Loch, dazu grobes Sachsband oder Bindfaden. Sie hängen zunächst den oberen Ast mit einer Schlaufe an die Wand: am rechten und linken Ende werden jeweils ein doppelter Kettfaden gespannt und am unteren Ast festgemacht. Die Steine so festbinden, daß der Rahmen etwa im Gleichgewicht hängt. Jetzt kann man die übrigen Kettfäden (Abstand etwa 1 cm) zwischen beiden Ästen spannen. Sie wurden hier doppelt genommen.

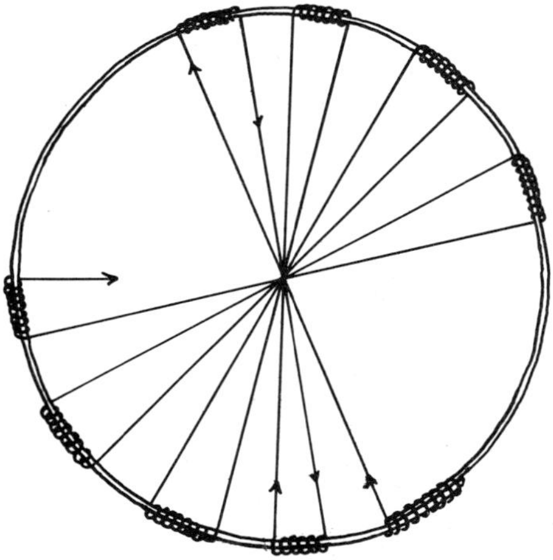

Gewebt ist mit dicken Schafwollresten und doppelt genommenen Wollfäden. Das läßt die Arbeit schnell wachsen. Und wie man sieht, ist es sehr reizvoll, wenn man nicht immer gerade, sondern in welligen Linien webt und auch mal Zwischenräume freiläßt. (Foto Seite 48)

Weitere Techniken für Handarbeiten mit Wollresten finden Sie in einem zweiten Band der Verfasserin.